# STATISTIQUE

## ET

# COLONISATION

### PAR

## CHARLES CERISIER

SECRÉTAIRE GÉNÉRAL

*de la Société des Études Coloniales et Maritimes*

### MEMBRE DE LA SOCIÉTÉ DE STATISTIQUE DE PARIS

ISSOUDUN

IMPRIMERIE TYPOGRAPHIQUE ET LITHOGRAPHIQUE E. MOTTE

1895

# STATISTIQUE

## ET

## COLONISATION

### PAR

## CHARLES CERISIER

### SECRÉTAIRE GÉNÉRAL

*de la Société des Etudes Coloniales et Maritimes*

### MEMBRE DE LA SOCIÉTÉ DE STATISTIQUE DE PARIS

### ISSOUDUN

IMPRIMERIE TYPOGRAPHIQUE ET LITHOGRAPHIQUE E. MOTTE

—

1895

# LES MÉTHODES
## DE STATISTIQUE

*Paragraphe II des communications*
PROPOSÉES PAR LE CONSEIL DE LA SOCIÉTÉ DE STATISTIQUE
Dans son ordre du jour permanent

A propos d'un paragraphe de notre ordre du jour permanent qui m'a frappé et qui a pour objet *nos méthodes de statistique* j'ai cru devoir apporter à M. Cheysson, notre compétent collègue, ainsi qu'à vous, Messieurs, une part de travail accompagnée de certaines considérations personnelles sur ce point spécial au point de vue colonial.

Depuis que j'ai eu l'occasion à plusieurs reprises de vous parler ici des colonies j'ai maintes fois attiré votre attention sur les doutes qui m'avaient toujours assailli en matière de statistique coloniale. Si on consulte la statistique coloniale pour se faire un jugement ou une appréciation purement locale, on risque fort de voguer dans la fantaisie. On a mis, il est vrai, un certain temps à perfectionner les méthodes en la matière et à en comprendre aux colonies l'usage sur les lieux. Ce n'est que dans ces derniers temps que certains hommes de gouvernement ont pensé qu'il était possible de donner à cette source de renseignements coloniaux un certain développement. Nous avons alors vu paraître dans nos documents périodiques des éléments de statistique plus nouveaux, plus complets en matière coloniale et même des livres spéciaux tout spéciaux dont on revendiquait avec orgueil l'idée de la création indispensable ; mais malheureusement ces documents étaient encore insuffisants pour donner une idée bien exacte de ce que peut être réellement une colonie.

Les bases même de ce genre de compilation exotique laissaient à désirer malgré les bonnes intentions de leurs auteurs ou de leurs applicateurs.

J'ai voulu moi-même me rendre compte

il y a quelque temps si je parviendrais à déterminer aussi exactement que possible par exemple la valeur réelle de nos domaines tropicaux et si j'avais sous les yeux à ma disposition tous les éléments à cet effet.

J'ai été forcé de reconnaître que ce n'était pas aussi facile que je le croyais et les chiffres les plus authentiques n'étaient que trop souvent en désaccord avec la réalité constatée.

Aussi, n'adopterait-on pour l'avenir qu'une méthode plus complète, plus détaillée surtout, rien que dans les éléments qui contribuent à définir la statistique coloniale, on rendrait sans aucun doute service à la cause coloniale et on vulgariserait de fait dans l'opinion notamment bien d'autres connaissances utilisables qui ont besoin d'être approfondies pour entrer en ligne de compte dans le bilan colonial.

Je ne sais si mes théories en la matière ont leur opportunité en ce moment. Toujours est-il que grâce à mon séjour colonial dans maintes localités différentes, j'ai pu distinguer pas mal de nuances, pas mal d'omissions et de difficultés et j'ai souvent eu occasion de sourire en raisonnant ces constatations. Ces constatations manquaient en effet à mon avis d'un peu de fluide positif et pratique en raison de leur caractère trop vague du moment.

Sans être un colonisateur absolument idéal, voguant dans les sphères éthérées du désintéressement gaulois, grâce tout simplement à mes désillusions coloniales, j'ai fini par m'apercevoir qu'on avait tout à perdre, à s'engouffrer à toutes voiles sans bases positivement définies dans des horizons encore nuageux et broussailleux par nature.

En la matière ma conclusion est donc qu'il faut chercher et trouver le remède et c'est pour cela que j'ai cru devoir vous soumettre un commencement de travail préparé à votre intention.

# LA STATISTIQUE COLONIALE
## en 1894

Justement en ce moment pour l'appréciation méthodique et raisonnée des affaires coloniales qui passionnent l'opinion, on manque d'éléments positifs et sûrs, et il est difficile en quelques lignes ou en quelques chiffres de se faire une idée bien exacte de fait du pays colonial, objet des préoccupations.

Dans cet ordre d'idées, la statistique joue certainement un rôle considérable ; mais, par le temps qui court, au point de vue exclusivement colonial, est-elle déjà appropriée à son rôle ?

Dans les innombrables dédales que comptent les affaires coloniales, on est certainement obligé aujourd'hui de reconnaître que cette branche positive de connaissances pratiques ne permet pas d'apprécier complètement et rapidement d'une façon absolue la vraie valeur morale et matérielle d'un acte de colonisation.

En dehors de quelques chiffres épars ré-
coltés de ci de là dans des documents tech-
niques et spéciaux en cette matière, chiffres
dont l'authenticité ne saurait être mise en
doute vu leur origine, ne faut-il pas aussi
tenir compte de l'esprit des méthodes
d'appréciation et d'argumentation, s'il
s'agit de tirer de ces chiffres les enseigne-
ments nécessaires pour une conclusion de
principe d'abord, puis ensuite pour la ligne
de conduite à tenir pour l'avenir dans l'exé-
cution.

Or, dans ce cas, il est souvent facile
au statisticien, selon le but qu'il pour-
suit dans sa démonstration, de tirer de
ses tableaux des arguments favorables à
sa thèse en laissant dans l'ombre les dé-
favorables.

En matière coloniale surtout, cet incon-
vénient a beaucoup de chances d'exister et
on doit signaler les lacunes, car les statistiques coloniales, même celles du moment
déjà améliorées, n'ont pas la prétention de
réunir toutes les conditions de sûreté et
d'infaillibilité qu'on serait en droit peut-
être d'exiger d'elles. De plus elles parais-

sent toujours après coup, c'est-à-dire bien en retard sur l'actualité.

En fait de colonisation proprement dite et pratique, le véritable baromètre qui doit fixer le jugement doit être à mon avis mis en harmonie avec les aspirations et les systèmes actuels comme avec le mode d'opérer du moment.

Les câbles et le téléphone ont modifié déjà les conditions des rapports coloniaux.

Il ne faut pas se dissimuler que l'opinion s'est transformée en matière coloniale et que les anciennes bases de mise en valeur se sont certainement modifiées avec le temps.

A leur égard, la statistique ne donne pas encore complètement ce qu'on est en droit d'en attendre en France comme aux colonies.

Cette centralisation toute spéciale de fait, *cet idéal d'unité,* basé sur les principes de gouvernement, est indispensable pour apprécier et pour définir la direction à donner en toute matière à la législation coloniale comme aux actes coloniaux. Autrement dit, si la statistique doit être une boussole ou un baromètre, elle doit savoir distinguer dans ses résultats ou ses données *le particulier, le spécial* du principal, c'est-à-dire tenir grand compte des éléments divers et souvent disparates qui ont servi à constituer l'ensemble brut définitif, d'après lequel le jugement et l'orientation doivent se déterminer. C'est pour ce motif que depuis bien longtemps, hélas, j'ai soutenu que les colonies contenaient dans leur sein bien d'autres sources d'activité et de développement que celles qui constituent par exemple le vieux cliché : *Sucre, Vanille, Café, Cacao,* par exemple, seules bases de nos anciennes statistiques résumant l'exportation et l'importation coloniales.

Les vrais et bons statisticiens seront d'accord, j'en suis sûr, avec moi pour conclure qu'en matière de colonisation pour le moment, la statistique ne doit pas se borner uniquement à l'enregistrement positif et brutal des constatations passées : elle doit aussi prévoir les conséquences et les modifications de ces constatations afin de ne pas ressembler aux incendiés qui vont chercher le pompier quand l'incendie est éteint.

Elle ne saurait, dans l'aride et obscur souterrain de la colonisation, être le fanal qui n'est pas allumé.

Si son objectif consiste, par exemple, à déterminer *les bases de la valeur productive d'un pays*, elle doit, en donnant ses chiffres, s'assujettir à les raisonner, à les comparer, et rechercher si, à côté de ces chiffres, il n'y en pas d'autres fort modestes, laissés dans l'ombre ou oubliés, qui seraient susceptibles de développements infinis et pourraient fixer l'attention d'une façon plus directe et plus complète, *en matière agricole, comme en matière industrielle et commerciale* aux colonies notamment.

Son programme de centralisation de ce fait doit donc être beaucoup plus élastique et embrasser des horizons plus larges.

C'est ainsi que la question budgétaire coloniale elle-même ne se trouve pas présentée dans l'intérêt purement patriotique aux compétents comme aux intéressés, de façon à faire ressortir et à démontrer *la valeur réelle de la colonisation*, c'est-à-dire ce qu'elle peut coûter comparativement à ce qu'elle est susceptible de rapporter.

Il faut dans cet ordre d'idées une *unité* qu'il est bien difficile de préciser pour l'ensemble, car les relevés budgétaires, par exemple en France, quoique faisant l'objet de statistiques particulières, bien spéciales à chaque département, et se rapportant à une infinité de catégories, sont de fait indépendants entre eux et n'exposent peut-être pas les situations aussi exactement qu'il faudrait pour apprécier sûrement ce que nous coûte en réalité la colonisation. Pour nos colonies, n'avez-vous pas aussi à distinguer au même point de vue les dépenses budgétaires des ministères de la marine, de la guerre, des affaires étrangères, du commerce, des postes et télégraphes, des colonies, etc., etc., et en plus les dépenses des services locaux proprement dits, celles-ci engagées et gérées d'une façon administrative toute spéciale suivant les localités, puis enfin les dépenses des services municipaux dans chaque colonie.

Donc une centralisation statistique d'ensemble de ce fait serait peut-être un bienfait, simplement pour donner une idée comparative du côté brutal des charges to-

tales vis-à-vis des résultats effectifs corres-
pondants, aussi bien pour la métropole que
pour chaque colonie en particulier. Bien
plus, comme complément à ce tableau statistique exclusivement national et donnant
un aperçu spécial et particulier pour tous
nos territoires coloniaux sans exception,
ne pourrait-on pas annexer à titre compa-
ratif une statistique de même nature de
l'étranger.

Ensuite viendraient pour l'ensemble colonial et métropolitain la statistique parti-
culière de chaque élément constitutif de ces
premières données, laquelle se résume de fait
aujourd'hui dans les vagues totaux portant
pour exergue *Exportation et Importation*,
chiffres bruts entre parenthèse qui ne défi-
nissent pas suffisamment la valeur réelle
d'un pays et qui ne sont pas susceptibles
de faire comprendre les nuances et connaître pratiquement ce pays, même par les
intéressés.

Ces raisonnements généraux m'amènent
à conclure qu'avant de chercher à suivre,
en raison du courant colonial actuel, les
indications et le modèle des anciennes sta-

tistiques, dont les plus récentes pourraient à peine porter sur 1892 ou 1893, il serait peut-être utile d'examiner si des perfectionnements préalables ne sont pas de mise dans la façon de procéder au début.

Ce travail d'ensemble et de centralisation pour la justification de certaines théories sur la mise en valeur de certains pays est certainement possible. Il sera peut-être long et compliqué, mais il faut commencer d'abord par constituer le *modèle de base* d'après les connaissances modernes et d'actualité, puis tenir la main à ce qu'il soit religieusement respecté, surtout par tous les statisticiens coloniaux.

A cette seule condition il sera possible d'apprécier sur des preuves tangibles le résultat des constatations *en matière de colonisation purement pratique et compensatrice.*

Les doutes et les hésitations seront alors aplanis et pour les pays coloniaux ce sera un bienfait, car on aura alors la faculté de se rendre compte si le jeu en vaut la chandelle.

# A PROPOS DE STATISTIQUE COLONIALE EN 1895

L'occasion s'est souvent présentée pour moi de donner, depuis quelques années, leur véritable cote aux statistiques coloniales et de faire remarquer qu'en cette matière, malgré quelques perfectionnements tout récents, mais vraiment trop succincts, les méthodes employées aux Colonies pour la statistique étaient sinon défectueuses, tout au moins imparfaites ou incomplètes.

En ce moment surtout, alors qu'on semble disposé à comprendre la colonisation comme elle doit l'être, alors que surgissent dans tous les milieux comme dans toutes les parties du monde des idées, des plans, des programmes ou des combinaisons, appelés à redorer notre blason colonial et à exciter l'émulation chez ceux qui ont encore conservé quelque espoir dans la panacée coloniale, il n'est sans doute pas trop tard pour songer à perfectionner ce qui existe déjà, rien qu'avec les éléments dont on dispose et dont notre Société de statistique se trouve la dépositaire naturelle. En suivant consciencieusement la croissance ou la décroissance alternative suivant les époques de chiffres périodiques, il doit être facile de se rendre compte par localité de la force des courants qui les ont produits et d'approfondir surtout les causes principales des modifications constatées.

C'est le devoir du statisticien colonial de vérifier et de raisonner en temps utile, rien qu'en vue de la ligne de conduite à définir et des perfectionnements nécessaires, le caractère des différences qu'il est appelé à reconnaître ; et ce n'est pas trop s'avancer que d'avouer qu'aux colonies l'on n'est pas encore arrivé au degré de maturité en la matière.

Il ne serait cependant pas impossible de poser des bases pour l'ensemble de la question qui nous préoccupe, et surtout de constituer dès l'origine, au fur et à mesure des progrès et des découvertes de la science, laquelle va toujours de l'avant grâce aux chercheurs, la base peut-être certaine de l'inconnu futur en résultats de la sorte en toute matière.

Là est, je crois, la route, car l'horizon de la statistique coloniale n'a pas de bornes et dans cet infini le mieux est de se rendre compte que nous sommes actuellement encore dans l'enfance.

Lorsqu'il s'agit surtout de nos conquêtes modernes, on ne songe pas, ce me semble, à établir dores et déjà pour l'avenir des principes de base et un tout uniforme d'ensemble, c'est-à-dire un système, qui repose tout au moins sur des indications sainement raisonnées en vue de l'idéal poursuivi.

Je trouve que la statistique devrait être à même d'indiquer immédiatement aux intéressés, par ses brutales mais authentiques indications, d'abord ce que vaut tel pays, ensuite ce que vaut telle ou telle entreprise ou combinaison comme telle ou telle opération dans ce pays.

Eh bien ! après maintes pérégrinations dans ce domaine, je pose en fait que nous sommes vraiment en retard de ce côté, et nos plus vieilles colonies, lesquelles depuis le temps auraient pu pourtant nous offrir certaines bases d'appréciation positives et sûres, rien que par un enregistrement méthodique pur et simple de certaines constatations, en sont encore à de vagues tâtonnements où à des données insuffisantes, d'après lesquelles il est impossible au véritable statisticien qui a son plan, de se renseigner exactement et comme conséquence de fournir certaines indications pour l'orientation, la direction ou l'action.

Le fait est incontestable. Dans tous les cas, ce serait le moyen d'assurer tout au moins la permanence des conceptions quelconques, de régulariser leur marche et leurs tendances et de garantir la prospérité constante, objectif de tout patriote.

J'en arrive donc à répéter encore que la statistique coloniale mérite certainement de fixer l'attention en ce moment, surtout parmi nos dirigeants et qu'il n'est pas inopportun de la perfectionner au besoin dans toutes ses parties comme dans tous les éléments dont nous disposons.

Il serait peut-être utile avant de se lancer avec enthousiasme et espoir dans des entreprises coloniales, qui peuvent avoir à l'heure qu'il est peut-être un caractère presque aléatoire, malgré les illusions d'optique, de bien définir le sens purement réel d'action et de savoir, rien qu'au moyen de la statistique, si tel pays choisi ou désigné sur les indications un peu vagues d'une initiative, conceptrice de l'idée, est susceptible par des chiffres probants et authentiques de justifier les emballements de tout ordre dont il est la cause. Et là encore, que de nuances à distinguer, en supposant même qu'il s'agisse tout simplement par exemple des trois éléments principaux, base de fait de la colonisation : le *commerce*, l'*agriculture* et l'*industrie*.

En effet, si jusqu'à nos jours, nous nous sommes contentés d'avoir des colonies pour nous énorgueillir simplement d'être un peuple colonisateur, pure gloriole ! si nous avons cru avantageux de faire de nos terres coloniales des fiefs inutiles compensant difficilement ce qu'ils ont coûté autrefois ou ce qu'ils coûtent maintenant; si nous ne tenons pas compte des avertissements du passé et des liquidations forcées du moment dues aux systèmes antérieurement employés, si tous nos pays occupés ou conquis n'ont été jusqu'à ce jour compris ou connus que comme des occasions purement platoniques de favoriser les aspirations spéciales de milieux réservés, le but réel, autrement dit l'idéal de la colonisation est faussé, et les résultats sont et seront toujours négatifs en pareil cas.

Ma conclusion est donc qu'avant de se lancer dans des entreprises coloniales quelconques il faut être avant tout prudent, et la statistique a certainement l'avantage de nous fournir au moins les moyens de distinguer la route.

Ne voyons-nous pas, même de nos jours, l'étranger profiter à tout instant de nos erreurs, et sur des terres identiques par le fait aux nôtres, découvrir par exemple des horizons, des éléments de prospérité, alors que nous avons souvent employé des siècles à en créer ou à en développer seulement l'embryon ?

Une statistique comparative établie par exemple dans ce simple ordre d'idées démontrerait ma pensée.

Je suis donc amené à conclure que le

système colonial de statistique doit être perfectionné dans toutes ses parties, dans tous ses éléments, c'est-à-dire qu'il faut renforcer ou grandir ses envergures, et que pour notre immense domaine colonial, il n'est pas encore trop tard pour définir un programme de statistique raisonnée qui nous fournira, à titre consultatif, l'orientation de ce qui peut être tenté avec honnêté et profit dans le monde entier sur nos terres d'outre-mer quand ce ne serait seulement qu'en *agriculture*, *commerce* et *industrie*, cela indépendamment des autres bases innombrables de statistique.

En terminant voici comment j'envisageais par exemple la question en 1892 à propos du Congo français, et ces impressions appuyées par une statistique que je qualifierai quand même de vague auraient le même caractère si on voulait étendre l'étude à tous les autres pays coloniaux.

Si l'on veut finir par connaître pratiquement ce qui peut être tenté, même en grand, dans ces pays équatoriaux, inconnus de nous pour ainsi dire en ce moment, il faut aller soi-même voir, se rendre compte ;

puis, sur les données recueillies par des hommes d'initiative de la partie, avec un peu de confiance, organiser des entreprises qui, honnêtement conduites, seront rémunératrices, ce n'est pas douteux.

L'organe officiel que, pendant mon séjour là-bas, j'ai fait rétablir, publie chaque quinzaine des documents statistiques sur le commerce, l'industrie et l'agriculture locales ; mais tous ces renseignements, dans leur bonne foi, sont encore insuffisants.

Ils ne sont pas d'accord avec la réalité, car ils sont subordonnés à la bonne volonté et à l'exactitude des transmetteurs et enregistreurs de données. Je n'aurais pas la prétention de prétendre que l'administration locale du Congo est infaillible de ce côté.

Voici par exemple quelques données se rapportant au deuxième trimestre 1891.

Importation ....................... Fr.   670.823

Se décomposant en :

Marchandises françaises venant de France ............................... 248.692
Marchandises des entrepôts, poissons secs, tabacs, sucres, huiles, avoines. 21.393

Total ....... Fr.   270.085

Marchandises d'Allemagne ........ Fr.   191.098
—          d'Espagne.............       2.796
—          d'Angleterre...........   191.715
—          des colonies portugaises..    15.129

Total égal ..... Fr.   670.823

Exportation....................... Fr.   503.194

Marchandises dirigées sur France .....    46.840
—              sur l'Allemagne.   117.986
—              sur l'Angleterre.   270.143
—              sur les colonies
portugaises........................       690
Marchandises dirigées sur les colonies
espagnoles......................       137
Marchandises dirigées sur les points non
soumis aux droits.................    58.398

Total égal..... Fr.   503.194

Ce qui démontre que sur 670,823 francs d'importation pendant un trimestre, la France figure seulement pour 270,085 fr., soit approximativement le tiers, et sur 503,194 fr. d'exportation pendant le même temps, elle ne figure que pour 46,840 fr. C'est la moyenne officielle d'un trimestre.

En un mot, la colonie produit surtout pour l'étranger, et la France ne lui fournit que le tiers de ses besoins.

L'exportation consiste surtout en caoutchouc, en huile de palme, en vins de palme, en bois rouge, en ébène, en ivoire ; l'importation, en marchandises d'échange, verroterie, armes, alcools, conserves, cauries et tissus.

Je me dispense de l'énumération de la statistique des pirogues, des caravanes pour les divers points. Ce relevé général doit suffire pour ce que je désire démontrer. Voilà pour le commerce.

Au point de vue industriel, ma foi, tout est à faire là-bas.

L'industrie a à fournir tous les éléments primitifs indispensables qui n'existent pas, en vue d'améliorer nos moyens de pénétration, etc., etc.

Les mêmes observations pourraient s'appliquer à bien d'autres colonies ; mais cet exemple pris au hasard suffit pour le moment.

Cⁿ. CERISIER.

# SOCIÉTÉ DE STATISTIQUE
## DE PARIS

### Séance du mercredi 16 octobre 1895

*Extrait du procès-verbal de la séance du 16 octobre 1895 inséré au journal de la société n° 11 du mois de novembre 1895.*

M. le Président, après avoir remercié M. Cerisier lui demande d'indiquer quels sont, dans son esprit, les moyens de réunir et de grouper les faits statistiques dans les colonies, non seulement pour le commerce et l'industrie mais aussi pour la population.

M. Cerisier répond que les éléments démographiques coloniaux manquent absolument et que les statistiques commerciales plus faciles à établir sont défectueuses et incomplètes.

A la Guyane par exemple on ne tient pas compte dans les relevés de l'Exportation du Balata, genre de caoutchouc, qui semble pourtant appelé à constituer un jour une des bases importantes de la production locale de cette colonie.

De même dans les vieilles colonies, comme La Réunion et la Guadeloupe, la canne à sucre seule, semble constituer, en agriculture, l'unique pierre de touche de la valeur supposée du pays, mais il existe, à côté, bien d'autres produits susceptibles d'alimenter également la statistique locale et dont on ignore la production là-bas comme en France.

M. A. NEYMARCK voudrait connaître les mesures que M. Cerisier proposerait pour arriver à faire dresser des statistiques coloniales sérieuses.

M. CERISIER dit que le problème est ardu et demande une étude approfondie. Il avait commencé un travail de ce genre, il a dû y renoncer, les résultats ne correspondant pas, faute de bases sûres, à son but.

M. DOUMER voudrait que M. Cerisier recherchât pour le Congo par exemple les dépenses faites par la métropole et l'emploi qu'elles ont reçu ; quelles ont été et quelles

sont les dépenses militaires et d'administration et celles de colonisation proprement
dites : routes, ports, etc.

M. Cerisier trouve la question intéres-
sante. Il peut répondre immédiatement que
les dépenses militaires ont été peu importantes au Congo et qu'il n'y a pas plus de
10 kilomètres de routes ; dans cet ordre
d'idées de même qu'au point de vue hygiène
et installation, il y a encore beaucoup à faire
et à améliorer.

M. le Président prie M. Cerisier de
prendre pour type une statistique coloniale
quelconque, de la critiquer et d'indiquer
les moyens de l'améliorer.

M. Cerisier est tout disposé à entrepren-
dre cette étude monographique, mais il
répète qu'aujourd'hui il n'a eu d'autre
intention que de mettre en relief l'insuffi-
sance des statistiques coloniales actuelles.

ISSOUDUN. — TYPOGRAPHIE ET LITHOGRAPHIE E. MOTTE

Plaquette tiré a 100 ex[emplaires]
[s]ur format in-8° écu et
contenant 2 feuilles, soit
32 pages, plus une couverture

E. Motte.